From

Just Visualize It

Subject	Reference	Date

Priorities

- ☐ _____
- ☐ _____
- ☐ _____
- ☐ _____

Description / Tasks / Actions	Target	✔

Subject	Reference	Date

Priorities

- [ ] _____
- [ ] _____
- [ ] _____
- [ ] _____

Description / Tasks / Actions	Target	✓

Subject	Reference	Date

Priorities

- [ ] _____
- [ ] _____
- [ ] _____
- [ ] _____

Description / Tasks / Actions	Target	✓

Subject	Reference	Date

Priorities

- [ ] _____
- [ ] _____
- [ ] _____
- [ ] _____

Description / Tasks / Actions	Target	✓

Subject	Reference	Date

Priorities

- ☐ _____
- ☐ _____
- ☐ _____
- ☐ _____

Description / Tasks / Actions	Target	✓

Subject	Reference	Date

Priorities

- ☐ _____
- ☐ _____
- ☐ _____
- ☐ _____

Description / Tasks / Actions	Target	✓

Subject	Reference	Date

Priorities

- [ ] _____
- [ ] _____
- [ ] _____
- [ ] _____

Description / Tasks / Actions	Target	✓

Subject	Reference	Date

Priorities

- [ ] _____
- [ ] _____
- [ ] _____
- [ ] _____

Description / Tasks / Actions	Target	✓

Subject	Reference	Date

Priorities

- ☐ _____
- ☐ _____
- ☐ _____
- ☐ _____

Description / Tasks / Actions	Target	✓

Subject	Reference	Date

Priorities

- ☐ _____
- ☐ _____
- ☐ _____
- ☐ _____

Description / Tasks / Actions	Target	✓

Subject	Reference	Date

Priorities

- ☐ _____
- ☐ _____
- ☐ _____
- ☐ _____

Description / Tasks / Actions	Target	✓

Subject	Reference	Date

Priorities

- ☐ _____
- ☐ _____
- ☐ _____
- ☐ _____

Description / Tasks / Actions	Target	✓

Subject	Reference	Date

Priorities

- ☐ _____
- ☐ _____
- ☐ _____
- ☐ _____

Description / Tasks / Actions	Target	✓

Subject	Reference	Date

Priorities

- [ ] _____
- [ ] _____
- [ ] _____
- [ ] _____

Description / Tasks / Actions	Target	✓

Subject	Reference	Date

Priorities

- [ ] _____
- [ ] _____
- [ ] _____
- [ ] _____

Description / Tasks / Actions	Target	✓

Subject	Reference	Date

Priorities

- [ ] _____
- [ ] _____
- [ ] _____
- [ ] _____

Description / Tasks / Actions	Target	✓

Subject	Reference	Date

Priorities

☐ _____

☐ _____

☐ _____

☐ _____

Description / Tasks / Actions	Target	✓

Subject	Reference	Date

Priorities

- ☐ _____
- ☐ _____
- ☐ _____
- ☐ _____

Description / Tasks / Actions	Target	✔

Subject	Reference	Date

Priorities

- [ ] _____
- [ ] _____
- [ ] _____
- [ ] _____

Description / Tasks / Actions	Target	✓

Subject	Reference	Date

Priorities

- ☐ _____
- ☐ _____
- ☐ _____
- ☐ _____

Description / Tasks / Actions	Target	✓

Subject	Reference	Date

Priorities

- ☐ _____
- ☐ _____
- ☐ _____
- ☐ _____

Description / Tasks / Actions	Target	✓

Subject	Reference	Date

Priorities

- [ ] _____
- [ ] _____
- [ ] _____
- [ ] _____

Description / Tasks / Actions	Target	✓

Subject	Reference	Date

Priorities

- [ ] _____
- [ ] _____
- [ ] _____
- [ ] _____

Description / Tasks / Actions	Target	✓

Subject	Reference	Date

Priorities

- ☐ _____
- ☐ _____
- ☐ _____
- ☐ _____

Description / Tasks / Actions	Target	✔

Subject	Reference	Date

Priorities

- ☐ _____
- ☐ _____
- ☐ _____
- ☐ _____

Description / Tasks / Actions	Target	✓

Subject	Reference	Date

Priities

- [ ] _____
- [ ] _____
- [ ] _____
- [ ] _____

Description / Tasks / Actions	Target	✓

Subject	Reference	Date

Priorities

- [ ] _____
- [ ] _____
- [ ] _____
- [ ] _____

Description / Tasks / Actions	Target	✓

Subject	Reference	Date

Priorities

- ☐ _____
- ☐ _____
- ☐ _____
- ☐ _____

Description / Tasks / Actions	Target	✓

Subject	Reference	Date

Priorities

- [ ] _____
- [ ] _____
- [ ] _____
- [ ] _____

Description / Tasks / Actions	Target	✓

Subject	Reference	Date

Priorities

- ☐ _____
- ☐ _____
- ☐ _____
- ☐ _____

Description / Tasks / Actions	Target	✓

Subject	Reference	Date

Priorities

- [ ] _____
- [ ] _____
- [ ] _____
- [ ] _____

Description / Tasks / Actions	Target	✓

Subject		Reference	Date

Priorities

- [ ] _____
- [ ] _____
- [ ] _____
- [ ] _____

Description / Tasks / Actions	Target	✓

Subject	Reference	Date

Priorities

- ☐ _____
- ☐ _____
- ☐ _____
- ☐ _____

Description / Tasks / Actions	Target	✓

Subject	Reference	Date

☐ _____
☐ _____
☐ _____
☐ _____

Description / Tasks / Actions	Target	✓

Subject	Reference	Date

Priorities

- [ ] _____
- [ ] _____
- [ ] _____
- [ ] _____

Description / Tasks / Actions	Target	✓

Subject	Reference	Date

Priorities

- ☐ _____
- ☐ _____
- ☐ _____
- ☐ _____

Description / Tasks / Actions	Target	✓

Subject	Reference	Date

Priorities

- ☐ _____
- ☐ _____
- ☐ _____
- ☐ _____

Description / Tasks / Actions	Target	✓

Subject	Reference	Date

Priorities

- [ ] _____
- [ ] _____
- [ ] _____
- [ ] _____

Description / Tasks / Actions	Target	✓

Subject	Reference	Date

Priorities

- [ ] _____
- [ ] _____
- [ ] _____
- [ ] _____

Description / Tasks / Actions	Target	✓

Subject	Reference	Date

Priorities

- ☐ _____
- ☐ _____
- ☐ _____
- ☐ _____

Description / Tasks / Actions	Target	✔

Subject	Reference	Date

Priorities

- ☐ _____
- ☐ _____
- ☐ _____
- ☐ _____

Description / Tasks / Actions	Target	✓

Subject	Reference	Date

Priorities

- [ ] _____
- [ ] _____
- [ ] _____
- [ ] _____

Description / Tasks / Actions	Target	✓

Subject	Reference	Date

Priorities

- ☐ _____
- ☐ _____
- ☐ _____
- ☐ _____

Description / Tasks / Actions	Target	✓

Subject	Reference	Date

Priorities

- ☐ _____
- ☐ _____
- ☐ _____
- ☐ _____

Description / Tasks / Actions	Target	✓

Subject	Reference	Date

Priorities

☐ _____
☐ _____
☐ _____
☐ _____

Description / Tasks / Actions	Target	✓

Subject	Reference	Date

Priorities

- ☐ _____
- ☐ _____
- ☐ _____
- ☐ _____

Description / Tasks / Actions	Target	✓

Subject	Reference	Date

Priorities

- [ ] _____
- [ ] _____
- [ ] _____
- [ ] _____

Description / Tasks / Actions	Target	✓

Subject	Reference	Date

Priorities

☐ _____
☐ _____
☐ _____
☐ _____

Description / Tasks / Actions	Target	✓

Subject	Reference	Date

Priorities

- ☐ _____
- ☐ _____
- ☐ _____
- ☐ _____

Description / Tasks / Actions	Target	✓

Subject	Reference	Date

Priorities

- ☐ _____
- ☐ _____
- ☐ _____
- ☐ _____

Description / Tasks / Actions	Target	✓

Subject	Reference	Date

Priorities

- ☐ _____
- ☐ _____
- ☐ _____
- ☐ _____

Description / Tasks / Actions	Target	✓

Subject	Reference	Date

Priorities

- ☐ _____
- ☐ _____
- ☐ _____
- ☐ _____

Description / Tasks / Actions	Target	✓

Subject	Reference	Date

Priorities

☐ _____

☐ _____

☐ _____

☐ _____

Description / Tasks / Actions	Target	✓

Subject	Reference	Date

Priorities

- ☐ _____
- ☐ _____
- ☐ _____
- ☐ _____

Description / Tasks / Actions	Target	✓

Subject	Reference	Date

Priorities

- [ ] _____
- [ ] _____
- [ ] _____
- [ ] _____

Description / Tasks / Actions	Target	✓

Subject	Reference	Date

Priorities

- ☐ _____
- ☐ _____
- ☐ _____
- ☐ _____

Description / Tasks / Actions	Target	✓

Subject	Reference	Date

Priorities

- [ ] _____
- [ ] _____
- [ ] _____
- [ ] _____

Description / Tasks / Actions	Target	✓

Subject	Reference	Date

Priorities

- ☐ _____
- ☐ _____
- ☐ _____
- ☐ _____

Description / Tasks / Actions	Target	✓

Subject	Reference	Date

Priorities

- ☐ _____
- ☐ _____
- ☐ _____
- ☐ _____

Description / Tasks / Actions	Target	✔

Subject	Reference	Date

Priorities

☐ _____

☐ _____

☐ _____

☐ _____

Description / Tasks / Actions	Target	✓

Made in the USA
Middletown, DE
11 December 2020